万物皆元素

什么元素决定智商

[英]萨伦娜·泰勒 ◎著　迈克·菲利普斯 ◎绘　高源 董文灿 ◎译

北京日报出版社

目录

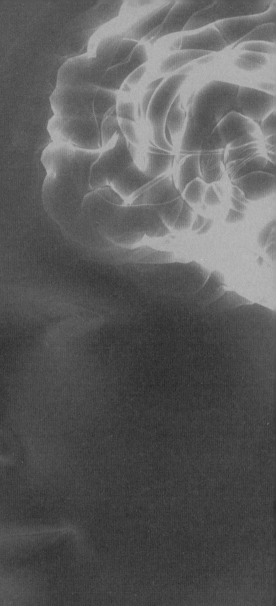

简介

虽然至今我们人类还是不能完全理解脑的工作原理，但幸运的是，经过历代科学家的努力，现在关于脑的科学知识已经非常丰富，对于人脑及构成人脑的神奇物质，我们已经有个大概认识了。

脑是指挥官！它控制着你的大部分行为，例如你的思想、记忆、行动和决定等。有时候它会发出指令，比如当你想拿起一个茶杯时，是脑指挥着你的手臂和手指，告诉它们如何运动。有时候它也对自己发出指令，比如它控制着你的心跳，甚至在你睡觉的时候也在维持着你身体机能的正常运行。

脑是由很多神奇的元素组成的，虽然它看起来可能有点奇怪，但它比任何计算机都聪明哦。

最重要的是，它是你身体中最重要的部分！

越来越大

我们的脑并不是一直这样大的，也不是一直像现在这样聪明。实际上，在最近的700万年中，脑的容量已经扩大到它最初的3倍了，并且大部分扩容发生在最近的200万年内。

我们身边当然没有古人类的大脑供我们称重和测量，它们早已经腐烂了。但是我们挖掘到了很多古人类的头盖骨，即头部的骨骼。所以科学家们可以通过测量头盖骨的内部容量来知晓其中的脑曾经有多大。

在人类历史的前三分之二的时间里，人类的大脑与现今的猿类大脑尺寸相当。著名的露西化石——一种叫作南方古猿的早期人类化石，她的大脑容量在400到500毫升之间。作为参考，一只黑猩猩的头盖骨容量在400毫升左右。

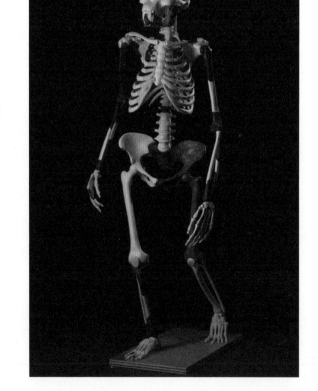

发现于埃塞俄比亚的露西骨骼碎片，图片为据此建立的模型

南方古猿生活在距今320万年前，但从那以后南方古猿的大脑开始发生改变——它有一部分变大了一点儿，我们将这种改变称为演化。随着脑容量的变大，早期人类变得聪明起来。

在大约190万年前，人类演化出一种叫作能人的人种，这种人种更加聪明。这时的大脑分化出了一个控制语言的区域。

在50万年前，人类大脑的脑容量从400毫升变大到超过1000毫升。那时人类演化分支中的智人，也就是我们所属的人种，脑容量在1200毫升左右——大约和我们现在的大脑容量一样大。

面临挑战！

大脑为了应对计划、交流、解决问题和其他的事情，在容量上做出了改变。

大脑容量的增长，特别是发生在80万年前到20万年前的增长，很有可能和气候变化有关。变大的大脑在处理问题时很有优势。例如，增大的大脑容量有助于古人类解决如何在严峻的冰河世纪存活的问题。但是随着人口增长和全球迁徙，人类不得不学习争夺食物和与人相处，这种对食物和地盘的竞争也使得人类变得更加聪明。

所以似乎人类大脑演化得容量越大，结构越复杂，越能适应更大且更复杂的挑战。

350万年前——600毫升

300万年前——850毫升

200万年前——1150毫升

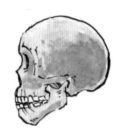

今天——1400毫升

5

越来越复杂

随着大脑容量的增加，它也逐渐变得复杂和精密起来。人类拥有比世界上任何同等身材的生物都要复杂的大脑。

大脑的改变

大脑并不只是在容量上有变化。随着时间的推移，大脑的其他方面也在改变。有些改变表现在形状上，有些改变则表现在功能上。

科学家们认为，我们现代人的大脑为了更好地适应生存环境而能在外形上做出改变，或许是因为我们的基因发生了改变。基因是构成我们身体细胞的复杂物质。它决定了我们的外貌和行为举止。

这种随外界变化而改变的能力叫作"可塑性"——这并不是说我们的大脑是由塑料组成的，而是说细胞之间能根据外界变化而形成新的联系。

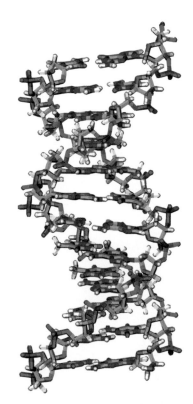

基因是DNA的片段——生命的模板

我们的基因

我们身体中的每个细胞都含有染色体。染色体由长链螺旋形的DNA构成。DNA是大多数动物体内的一种酸性物质。基因是长链DNA上的片段，它持有实现人体功能的编码。

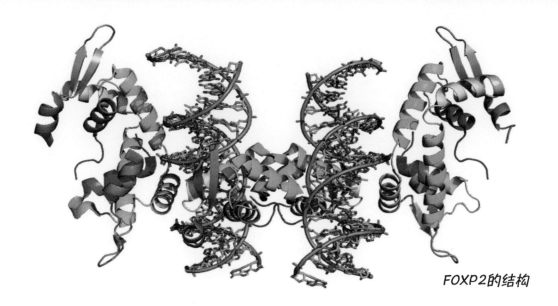

FOXP2的结构

我们能交谈

我们拥有的语言能力把我们和其他动物区分开。我们可以用成百上千个词语表达不同的含义，从而和他人简单快速地交流。这使我们与那些交流能力有限的动物相比有明显优势。

一个特殊的基因

科学家们发现一个叫作FOXP2的基因在人类中发生了演化。虽然在其他动物体内也有这个基因，但在人体中，它演化成了使人具有通过语言来交流的能力的基因。

FOXP2是大脑中最复杂的部分之一。它控制着我们学习一系列动作的能力。因为它的存在，我们能够控制喉部的肌肉，为发出声音提供力量和动作基础。

脑部解剖课！

我们的脑部位于身体最顶端的头部，且在头部中也处于顶端。那么，是不是所有动物的脑部都处在同样的位置呢？的确，大部分动物都是这样的。似乎这里是安放脑部的最佳位置。毕竟，是脑部在操控着一切。

小心地包裹好

脑部被小心地包裹在三层组织中——类似皮肤和肉的组织。头骨和缓冲体液也保护着它。在你运动时，脑部和头骨间的体液能缓解脑部震荡。

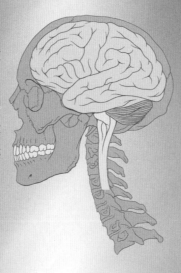

皮肤和骨骼

在头骨的最外层覆盖的皮肤叫作头皮。在头皮下面，一系列的骨骼组成了头骨。

包裹着脑部的有8块头骨。这8块头骨一起组成了头颅。头骨互相连接的部分叫作骨缝。

在你很小的时候，骨缝是柔软的，随着年龄的增长，骨缝会逐渐闭合。

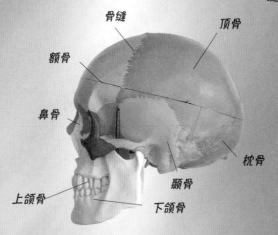

骨缝
顶骨
额骨
鼻骨
枕骨
颞骨
上颌骨
下颌骨

额外的保护

科学家将头骨下的三层组织统称为脑脊膜。这层结构垫衬在脑部的周围，给了它更多的保护。

最外面的一层叫作硬脑膜，它又厚又坚固。它能保证脑部不会在头盖骨中晃动得太厉害。太剧烈的晃动可能会使脑血管遭到拉伸甚至破裂。

中间的一层叫作脑蛛网膜，意思是它的样子很像蜘蛛网。

最里面的一层叫作软脑膜。

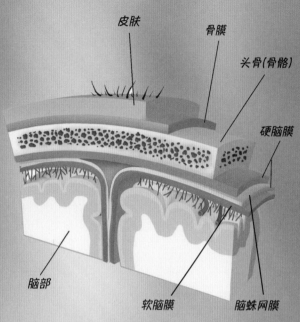

皮肤
骨膜
头骨(骨骼)
硬脑膜
脑部
软脑膜
脑蛛网膜

头骨
脑部
脑室
脑室
脑室

用浅蓝色标出的部分展示了脑脊液在头骨下流动的路径，且穿过了叫作脑室的腔室

脑脊液

这种无色的液体为大脑提供了额外的衬垫和减震保护。当你的头部遭到碰撞时，它可以起到减缓冲击的作用。

脑脊液存在于头骨和大脑之间。它也充满了各个脑室，可以缓冲脑和脊髓之间的压力。

大脑解剖课结束啦！

9

大脑怎样接收信息？

为了完成自己的工作，脑部必须从身体的各个部位以及你周围的环境中接收信息，并把信息回传给身体。这有点像呼叫中心，用电话或电脑发送和接收电子信息。但是和电话线不同的是，我们有一个叫作神经系统的结构。

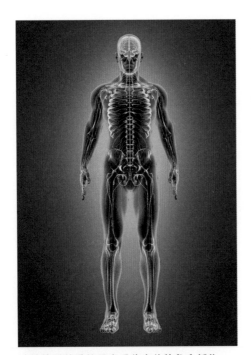

神经的网状系统贯穿了你身体的各个部位

我们的神经系统

脑是神经系统的一部分。脑和脊髓组成了我们所熟知的中枢神经系统。信息就是在这个系统中进行传递的。

神经系统由神经细胞构成，神经细胞又叫作神经元。神经元连接在一起形成了神经纤维。这些神经纤维传递信息的方式非常像老式的电话线。

我们的感官

在我们很小的时候，我们的感觉就帮助我们与他人及周围的世界进行联系。我们可以听声音、看事物、品尝食物、闻气味、触摸和运动。

所有的感官通过神经细胞，也就是神经元，给脑发送信息。这些信息通过由神经元组成的成束的神经纤维传递给脑中的神经元。脑会处理这些信息。例如，当你品尝了咸的东西，你的脑部会识别出"这是咸的"，并且让你知道。

你的触觉在你很小的时候就产生了

你的嗅觉与你鼻子末端的神经关联在一起

你的空间感让你可以体验极限运动

你的味觉告诉你哪种食物是你爱吃的，以及哪种是你不爱吃的

你有发达的视觉

不同的神经有不同的分工

颅神经: 接收和传递你的眼睛、耳朵、喉咙、舌头以及面部皮肤的感官信息。

脊髓: 接收和传递你的胳膊、双腿和躯干的感官信息。

感觉神经: 从感官中收集信息并发送给脑部。

运动神经: 通过另一条由神经元组成的路径把脑部的指令传回身体。

你也拥有敏锐的听觉

11

神经元网络

现在我们知道，你的脑中有叫作神经元的神经细胞。事实上，它们的数量极为庞大，有数百亿之多。它们除了存在于脑中，还在脊髓中以神经束的形式存在。神经系统组成的网络为信息在脑和身体之间流动提供了基础。

路径

数百亿个神经元中的每一个都与其他神经元连成绳状结构，或者说是神经元路径。信息就是沿着这些路径传递的。

你出生时便拥有你一生所需要的所有神经元。但不是所有神经元从一开始就彼此联系。随着你不断地学习，信息就从一个神经元传递到了另一个神经元。同一条信息传递的次数越多，发送信息的路径就会变得越强劲。

想想我们在使用键盘的时候，当你第一次尝试时，你不得不去想每一个键在哪里，然后才能去按。随着你使用键盘的次数越来越多，你会逐渐减少去想手指应

学习使用键盘

该如何安放的次数。脑创造的就是这种类似"熟悉键盘操作"的路径。

神经元大家庭

我们身体中有成千上万个不同的神经元。科学家们认为人体中神经元的个数超过百亿，这些神经元在形状和大小上均有不同。最小的神经元只有4微米宽（1微米等于一千分之一毫米），最大的神经元有100微米宽。

神经元和其他细胞相似，它们都有一个含有基因的细胞核。但和其他细胞不同的是，神经元有树枝形状的特殊部分，它们被称为树突和轴突。

树突把电信号传递到细胞内部

细胞核

轴突把信息从细胞体内部传递出去

当心间隙!

实际上，神经元是一个携带电脉冲的细胞。神经元彼此之间并不接触，神经元之间的边缘，也就是突触，是被一个小间隙分隔开的。

突触穿过间隙传递电脉冲或化学物质。信号就是这样从一个神经元传递到下一个神经元的。

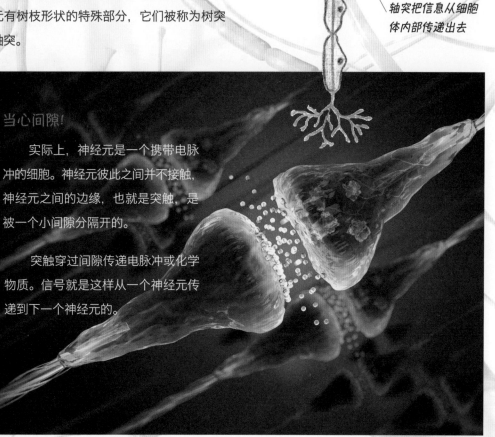

神经元的树突发送电化学信号

脑容量决定智商？

成年人的脑容量是1300到1400克。大约有100亿个神经细胞，或者叫神经元活跃在大脑皮层中，这是一个相当可观的数字。大脑皮层皱皱的，包围在大脑的最外层。

不是越大就越聪明

一些大型动物的脑部比我们的脑部还要大，比如，一头大象的脑部重量是4788克。但这并不能使大象比那些脑部较小的动物更聪明。动物的体形越大，肌肉就越大，因此需要更大的脑来控制这些肌肉。动物的表皮面积越大，同样需要更大的脑来处理从表皮中接收到的信息。然而脑的大小却和智力毫无关系，一个人是否聪明取决于其大脑皮层上以亿为单位的神经元的数量。

抹香鲸的脑是世界上最大的。它们脑的重量大约是7800克

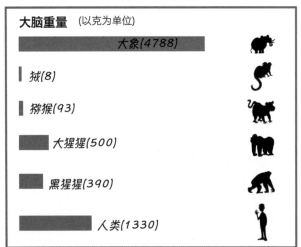

大脑重量 (以克为单位)

- 大象(4788)
- 狨(8)
- 猕猴(93)
- 大猩猩(500)
- 黑猩猩(390)
- 人类(1330)

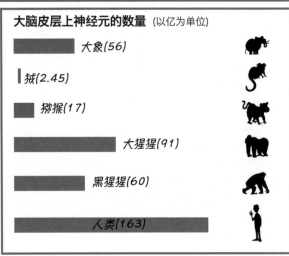

大脑皮层上神经元的数量 (以亿为单位)

- 大象(56)
- 狨(2.45)
- 猕猴(17)
- 大猩猩(91)
- 黑猩猩(60)
- 人类(163)

团队协作

脑部是由很多不同的部分组成的，它们像一个团队一样分工合作。脑中最主要的三部分是大脑、小脑和脑干。

大脑覆盖着很多内部的其他重要结构，比如下丘脑、垂体，还有海马体。每个结构都有自己特定的工作。

当我们组成团队工作时，我们就会变得更强大，也能很好地完成任务

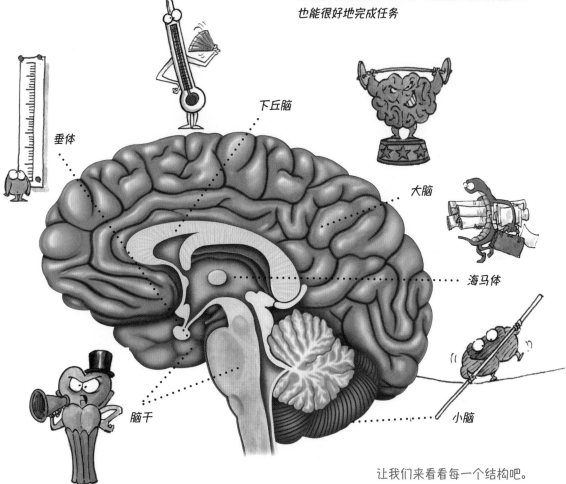

垂体

下丘脑

大脑

海马体

脑干

小脑

让我们来看看每一个结构吧。

15

脑中最大部分

大脑是脑中最大的部分。它占了大约整个脑重量的三分之二。它被分成两个大脑半球，并且被神经细胞丰富的大脑皮层包围起来。

两个半球

两个大脑半球被一条深沟隔开。每个半球控制着身体不同的部位。右大脑半球控制着左半边身体，同时左大脑半球控制着右半边身体。

通常，左大脑半球控制语言和演讲能力，而右大脑半球处理视觉和空间信息。你感知物体远近的能力就是空间感的体现。

运动和思考

我们运用大脑思考各种问题。根据不同的分工，大脑被分成了四个叫作脑叶的区域。每个脑叶都负责什么呢？

额叶负责推理和解决问题。它帮助我们进行规划、控制部分语言能力、管理情感以及解决问题。

顶叶与我们的运动、位置识别和感知刺激相关。

枕骨脑叶可以让我们理解看到的所有事物。

颞叶控制着听觉，帮我们弄清楚听到的是什么，也有助于记忆和演讲。

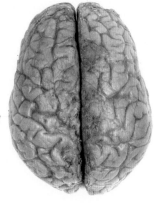

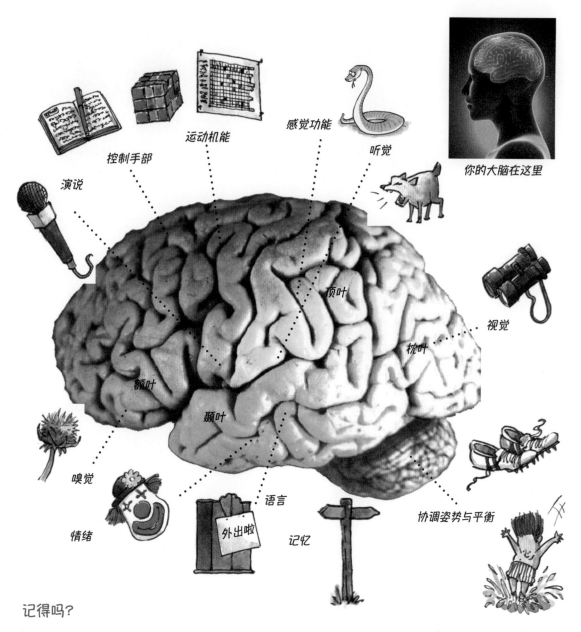

演说

控制手部

运动机能

感觉功能

听觉

你的大脑在这里

顶叶

视觉

额叶

枕叶

颞叶

嗅觉

情绪

外出啦

语言

记忆

协调姿势与平衡

记得吗？

你有两种不同的记忆模式——短期记忆和长期记忆。两种记忆都储存在大脑中。短期记忆就是你能记得那些最近做过的事情，比如你昨晚玩的是哪个电子游戏。长期记忆是保存你很久前做过某件事的印象，比如你上个假期去了哪里。

下丘脑

为什么你的体温会一直保持在同一个温度呢？这是因为你的身体有温度自动调节器——就像控制你家里温度的小机器一样。我们身体的温度自动调节器叫作下丘脑。

热或者冷

为了让你的各项机能保持正常，身体必须时时刻刻保持适宜的温度。下丘脑知道这个适宜的温度是多少。我们大多数人的体温在37摄氏度左右。早晨的时候体温会稍微低一点儿。

出汗和发抖

如果你感到很热，下丘脑会让你出汗。出汗能让你凉快下来。下丘脑察觉到身体温度的增高，就会发出信号让微小的血管变大，这种微小的血管叫作毛细血管。这个过程能让血液快速降温。

如果你感到很冷，下丘脑会让你发抖。发抖能让你暖和起来。你出汗和发抖的原因是下丘脑在试着把你的体温调整到正常值。

你的下丘脑位于这里

发烧啦!

你生病的时候通常伴随着发烧。如果测体温时发现你的体温比平时高,就是发烧了。发烧始于脑部,特别是下丘脑——你身体的温度自动调节器。

下丘脑知道你身体应该保持的温度。但是,当细菌或者病毒侵入你的身体,它们携带的化学物质流入血液后,下丘脑会检测到这些化学物质,然后把你的体温调高。于是体温就可能从37摄氏度上升到40摄氏度。

科学家们认为,提高体温是身体抵抗病毒的一种方式,因为病毒可能不喜欢高温环境。

保持平衡

下丘脑会产生一种叫作激素的化学物质,它能调节你的口渴、饥饿还有情绪。下丘脑能让与这些相关的系统保持稳定。它接收从身体传来的信号,当发现身体运行不正常时就会做出必要的改变。

脑下垂体

脑下垂体非常小，只有豌豆那么大。它位于大脑深处，脑干的前面。它的作用是增减血液或是其他流经身体的体液中激素的含量。

激素

激素是一种特殊的化学物质，它能以很多方式帮助身体运转。它最重要的一项工作就是帮助你生长。从你在妈妈的子宫里成为受精卵的那一刻起，垂体就给大脑发出指令，以确保你的整个身体能从一个小婴儿发育成一个成年人。

当你经历青春期的时候，垂体发挥了特别重要的作用。

在你人生的这个阶段，你在身体上从一个儿童转变为一个成人。

垂体会告诉你的身体应该什么时候做出改变，什么时候最为活跃地生长。

因此，垂体有帮助你生长发育的作用。

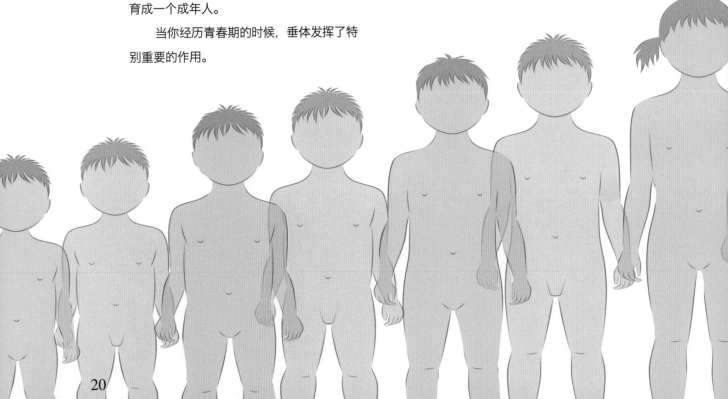

其他激素

　　除了分泌帮助你生长的激素以外，脑下垂体还会分泌其他激素。比如，能控制糖和水在你身体中的含量的激素。激素也能平衡无机物，比如钙和镁在身体中的含量。它使你的新陈代谢功能正常运转。它还做了很多事情，比如帮助消化食物、呼吸，控制血液在身体中的循环。

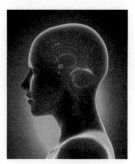

你小小的垂体位于这里

协同工作

　　当你的下丘脑和脑下垂体一起作用于你肾脏上面的一个小腺体时，会形成一个非常强大的组合。当你受到威胁时，它们能保证你的安全；当你遭遇压力和困难时，它们能让你冷静下来。

或战或逃是我们熟知的一个说法。这是指所有的动物在面对危险时，要么与之搏斗，要么赶快逃走

海马体

你还记得第一天在新学校上学的情景吗？还记得你去海滩的那个颇为完美的旅行吗？这些都是你记忆的一部分。事实上，在脑部深处中央位置发现的海马体，和你的记忆有相当大的关系。记忆就是在这里形成和储存的。

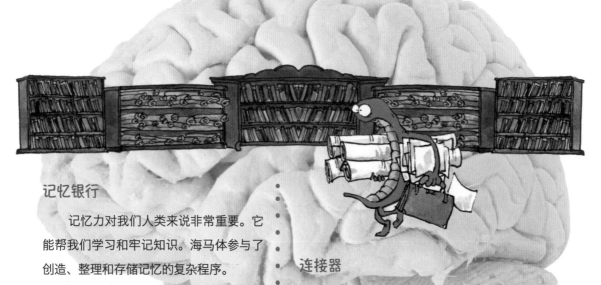

记忆银行

记忆力对我们人类来说非常重要。它能帮我们学习和牢记知识。海马体参与了创造、整理和存储记忆的复杂程序。

现在我们已经了解到，脑是具有可塑性的——它能做出适应性的改变。

这种改变出现在神经元，也就是脑细胞的传递路径上。当我们有了新的经历，需要记住新信息，或者学习新知识时，就会发生这种改变。所有的这些信息都会传递到海马体，然后储存在那里。

连接器

海马体不只是一个馆藏量巨大的档案柜。它除了能存储所有的信息以外，还能把新的记忆和其他相关的记忆联系起来。

所以可能会发生这样的事：你会把去看望爷爷奶奶的事与他们屋子的内部陈设联系起来，也会记起屋子里的味道，还有声音。这让整个经历有了更多的意义。

帮助你学习

海马体能将所有碎片化的信息有序地连接起来，以帮助我们学习。它能把一条新的或者短期的记忆进行存储，使其变成一段长期记忆。

例如，当我们用钟表来认识时间时，我们会记住每个数字所代表的时间，以及会惯性地知道代表下个时间的数字。这种对信息重复的存储和访问，让我们的记忆过程变得顺理成章。我们变得善于识别重复模式。

与此同时，我们也在建立自己对相关联事物的认识库。我们记忆的"蓝图"变得越来越具体。

很多人发现走出迷宫是一件非常困难的事

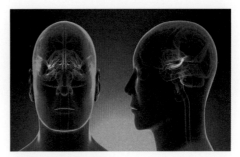

你的海马体位于这里

空间感

海马体也能帮助我们比较事物的大与小、远与近、平坦与奇形怪状，让我们能更好地在空间中行动。

记忆力不佳？

很不幸的是，我们的记忆也有可能是非常不可靠的。事实上，我们可能非常容易把事情记错，甚至遗忘。你使用记忆的频率取决于你记录事实的准确程度。

23

感受和情绪

你的脑部可以做很多神奇的事情。其中之一就是它可以控制你的情绪。所以如果你感到快乐或者难过，烦躁或是生气，你都可以怪你的脑部。你白天感受到的那些快乐、伤心、生气，还有其他情绪，都来自脑部一个叫作杏仁体的地方。

杏仁体

你的脑部两侧各有一小组细胞，叫作杏仁体，它的形状像一颗杏仁。杏仁体的英文名称源于拉丁文中的"杏仁"一词。

杏仁体是边缘系统的一部分。这是一组能够控制你情绪的结构，它也能控制你对身边发生的事情做出回应。如果你特别享受做某件事，杏仁体就会留意这种状况并使你感到快乐。如果有人说了你特别不喜欢的话，杏仁体会让你感到生气，或者稍微好点儿，感到厌烦。它通过提供感受来控制你的情绪。

恐惧感

在杏仁体所感受和控制的所有情绪中，它尤其对令人恐惧的情绪反应强烈。我们会因为某些事情不受自己控制而感到恐惧。杏仁体决定了当我们遇到某些情况时，该如何表达情绪，特别是当我们受到威胁和感到危险时。

艺术与杏仁体

　　控制恐惧感的同时，杏仁体也能控制愉悦感。当看到非常喜欢的图片时，我们会感到非常愉快。当自己制作了一件艺术品时，我们同样会感到快乐！而且，这种感知快乐的能力并不仅限人类所有。

　　右图是大象卡梅拉正在绘画。我们能感觉它从中获得了很多乐趣，因为它一直不停地画来画去。它的杏仁体为它提供了感受快乐的能力，奖赏系统使它愿意去画画。卡梅拉并不是特例。我们观察到很多在野外生活的大象都会用它们的鼻子握住一根棍子在地上作画。甚至有一些大象把绘画作为爱好！实际上，你可以通过购买它们的画来为保护野生大象贡献一份力量。

大象卡梅拉正在绘画

泰国大象保护中心的大象桑瓦创作了一幅独特的画

小脑

虽然小脑比大脑要小很多，但它仍是人脑中一个非常重要的结构。如果没有它你就会经常摔倒，因为小脑控制着你的平衡能力。

站立和行走

当你还是一个小婴儿的时候，你可能会经常到处乱爬。然后有一天你学会了站立，并且能把一条腿放到另一条腿的前面，这样就学会了走路。你的肌肉群一起配合，保持了你身体的平衡。小脑在控制你的行走能力和肌肉协同合作方面非常发达。这就是小脑协调能力的表现。

手眼协调

你经常会听到一个羽毛球选手、篮球运动员或者是板球运动员由于他们高度的手眼配合能力而得到赞赏。这全都归功于小脑。我们可以想象一下，当一个羽毛球以100千米/小时的速度朝一个羽毛球运动员飞来的时候，为了把球打回到网的另一侧，小脑必须掌握球的速度，以及如何挥动胳膊和手。而这些思考仅仅发生在一瞬间。运动员的小脑将眼中所视内容与身体动作进行协调，把视觉信号转化为具体动作，从而完成了接球、击球的整套动作。

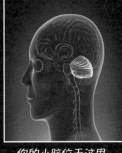

你的小脑位于这里

肌肉的协调和平衡

当你观看体操运动员充满力量的表演时，会发现他们能非常好地控制他们的肌肉，也能相当容易地在平衡木上保持平衡。这都要感谢小脑，没有它就不会有这么高水平的协调与平衡。

小脑的英文单词来源于拉丁文，原意是"小小的大脑"

脑干

你可以在小脑前面，紧挨着大脑的位置找到你的脑干。脑干有点像西蓝花的茎，它与脑的其他部分相连，也通过颈部和背部与脊髓相连。它是你身体传输系统中非常忙碌的一部分。

全靠它自己!

脑干有个非常重要的工作，就是在你无意识的时候也让身体保持运行。它控制着呼吸、消化食物和血液循环等活动。所有这些功能都不需要你的关注就能正常运行。

这一切都是因为不随意肌在发挥着作用。

不随意肌

不随意肌是指不受你的意识支配就能自动工作的肌肉，比如你的心脏。如果你每次想让心脏跳的时候都需要专门告诉它，那多不方便呀！再试想，如果每次吃完食物你都要告诉胃去消化它们，更难以想象你要告诉肺应该在什么时候怎样去呼吸……

幸运的是，你根本不用去想这些事情，你的脑干已经帮你完成了这些工作。它会告诉你的不随意肌应该怎么去做，这些肌肉也会完成它们的工作。比如，当你想要跑赢一次赛跑的时候，脑干就会让你的心脏跳得更有力，泵出更多的血。

当你想要赢得赛跑时，你的心脏会跳得更快

28

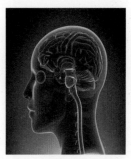

脑干控制着你什么时候清醒或感到困倦

你的脑干位于这里

信息分类

脑干在控制不随意肌的同时还有其他的重要工作。脑干是你身边信息流的连接器和运输途径。

脑干对来自身体各部分的信息进行分类整理，并且发送给大脑相关控制区域。它把触觉信息传递给大脑中处理触觉的区域，把视觉信息传递给大脑中处理视觉的区域，以此类推。

然后它把从大脑中传回的信息整理分类，再把这些信息传递到身体的不同部位。

如果把大脑比作一个办公室，脑干就是超级秘书啦。

嗖！嗖！

一级方程式赛车在比赛时速度能达到360千米/小时

最高速度！

信息从大脑传出和传回的速度为1.5至431千米/小时。信息传递的速度最快时比一级方程式赛车还要快。

神经科学

如今，研究脑和神经系统的医学科学家叫作神经生物学家。他们研究多种问题，比如药物如何影响大脑，什么导致疼痛，我们为什么需要睡觉，以及关于压力、情绪、记忆力等的其他课题。

史前大脑！

古埃及人在古老的文字记录中就已经使用了脑这个词。这些文字记录书写在一张公元前1700年的莎草纸上，但记录的内容是根据1300年前的文献写成的。它描述了药物使用案例，并且第一次提到了脑的组成，包含脑膜、脊髓和脑脊液。

古埃及人的莎草纸

X光

19世纪初期，X光第一次投入应用时，可以说是一个重大的技术突破。因为你可以看到你身体内部的真实模样了。然而，X光是二维的，就好比是看照片而不是看雕塑。20世纪70年代，一个叫高弗雷·亨斯菲尔德的英国工程师提出了一个改进方案。他把同一区域的稍微不同角度的X光图像，用电脑做成了一个横截面图像。自此，第一台精密扫描设备问世。

一些关于高科技的事

如今，神经系统科学家使用非常精密的仪器来了解有关脑的知识。这些仪器包括磁共振成像仪（MRI）、CT扫描仪和正电子发射计算机断层扫描器（PET）。

CT是Computed Tomography的缩写。CT扫描仪用一系列X光束穿过头部来成像。这些影像最终呈现在胶片上

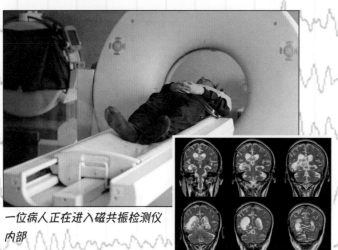

一位病人正在进入磁共振检测仪内部

磁共振检测仪能通过探测大脑中的无线电波信号来进行扫描

磁共振

磁共振（MRI）是磁共振成像的简称，它探测有磁性的无线电波频率，这是一个相当复杂的事情。

磁共振成像能让科学家们从很多不同角度看清脑部的构造。凭借这部仪器，科学家们无须手术就能清楚地看到脑部运行状况，并且也不需要用到X光或者其他可能对身体造成危害的放射性材料。所以磁共振是安全无痛的，并且不需要进行外科手术。

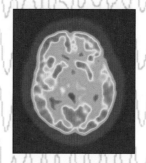

正电子发射计算机断层扫描器通过扫描某种注入大脑的被标记物质并研究它们传回的信号来成像

发掘更多

现在的神经系统科学家比过去获得了更多的脑部知识。他们知道了脑部各个区域的功能，了解了脑部细胞的形状，他们还懂得某种药物是如何影响神经系统和大脑的……然而，科学家们都认为，需要了解的还有很多！

大脑与行为

为什么人们要做出这样或那样的行为？答案很明显，我们大脑的调控与此密切相关。但是如果只是大脑控制着我们的行为，那么我们多多少少会表现出相同的行为。但是这却并不经常发生！

相同的反应

很多情况下，我们的行为和反应确实是相同的。我们都学过，切断电源灯就会灭。这叫作"习得行为"。大脑告诉我们如何使用开关能让灯重新亮起，我们都会照此去做。

影响

个性化的鼓励对掌握学习技能特别重要

和同学一起学习提供了练习和挑战的机会

从出生的那一刻起，我们就开始接收周围环境传给我们的信息，并且这些信息会大量地充满我们的童年。我们的记忆不断增长，当我们需要的时候可以调用它们。我们的脑部也在不断发育，以处理这些信息。一个人80%的脑细胞都会在出生后的前两年生成。

科学家们注意到，从出生开始就不被喜爱，得不到鼓励的婴儿，到3岁时他们的大脑会发育得比较小。而这种变化是不可逆的

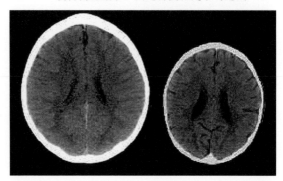

记忆银行

环境引导了我们的很多行为。每个人都对我们的记忆银行做出了贡献——我们的父母、兄弟姐妹、其他家庭成员、朋友以及老师。除此以外，还有书本、电视节目、政策和社会媒体。

我们慢慢地建立了模式，知道什么应该做和什么不应该做。大多数人会选择遵循一些规则，摒弃一些规则。这种选择决定着我们的行为习惯。

杏仁体在警告！

如果你表现得不好，大脑中控制情绪的区域——杏仁体，就会让你感到内疚。内疚是一种不愉快的感受，于是你会避免重蹈覆辙。

不同的表现

我们知道，并不是人人都有同样的表现。一些人会这样做，另一些人会那样做。为什么有些人喜欢冒险、热爱挑战困难，而有些人却偏爱岁月静好呢？为什么有些人善良又慷慨，而有些人却恰恰相反呢？

四种类型

有科学家提出，我们脑部的四个主要区域影响着我们的性格。它们位于脑部的靠上和靠下部分。它们合作运行的方式是个性形成的关键。

提议者：同时使用靠上和靠下大脑的人喜欢计划、表演，并能理解他们行动的结果。

理解者：经常使用靠下大脑的人总是尝试解释发生的事，并且探究它们意味着什么。但是这种人通常不会着手去做。

激励者：主要使用靠上大脑的人富有独特的创造力，但是有时会过激。

适应者：这种人并不特别偏向于使用靠上或者靠下大脑，他们不善于计划，或者难以理解事物的本真，但是会对即时事件做出快速反应，并且"游戏"其中。

智力

你的智力怎么样，这取决于你如何定义智力。有一种测试智力的方法就是考查学习对你来说是不是很容易，看看你能掌握多少知识，以及你如何应用所学的知识。

我们是如何学习的？

学习是一种获取新知识、新技能的能力。这些知识我们从未涉猎，我们要么从教导中学习，要么从经验中学习。但最重要的是，一旦我们学到了什么，就不能忘记它。所以我们学习和记忆的能力决定了我们的智力的高下。

不断学习的脑

现在科学家们知道了我们的脑从没停止过改变。脑不断适应着我们所学的知识以及周围环境中的一切。当我们学习时，大脑发生了两种改变。第一种改变发生在不计其数的神经元的内部，在突触部位尤其显著。第二种改变发生在神经元之间，突触间隙的数量激增。

从经验中学习

马拉拉·优素福扎伊在11岁时开通了博客，记录自己在塔利班统治下的巴基斯坦的校园生活。

2012年，她被枪击中了脖子和头部，但是她幸存了下来。她一直在积极地为全世界的儿童争取受教育的权利，也因此被授予了诺贝尔和平奖。她现在居住在英国。

记忆的存储

一开始，你学习的新知识会被存储成短期记忆。这种记忆能让你回忆起少量的信息。一些科学家认为短期记忆是由大脑中的电化学活动产生的：电化学信号由一个神经元传导到下一个神经元，下一个神经元再传递给下下个，以此类推。

然后，经过一段时间，相同的数据就会转移到我们的长期记忆中。我们持久性的记忆就是这样储存的。这是由神经元和突触在大脑中的活动来完成的。

我们的大脑被训练后能很容易地记住新技能

超高智商

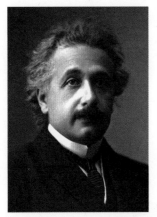

阿尔伯特·爱因斯坦的大脑有1230克重，这要比大脑重量的平均值小10%。所以虽然我们觉得智力和大脑的大小有关，但事实并非如此！爱因斯坦的优势在于他脑中神经元的数量非常多，高于平均值。雅各布·班内特是世界上最年轻也是最有

前途的科研人员之一。他8岁的时候，就已经通过了美国印第安纳大学物理课的考核。他9岁的时候，就能详细阐述爱因斯坦的相对论。事实上，有报告显示雅各布的智商比爱因斯坦的还要高！

雅各布被诊断为患有自闭症，他利用他的影响力为自闭症儿童创立了一个慈善机构

35

智商测试

智商测试是衡量一个人智力水平的测验，智商是智力商数的简称。不过科学家们并不支持人们进行智商测试，因为他们认为测量结果并不一定精准，而且可能给人带来有失偏颇的误导。

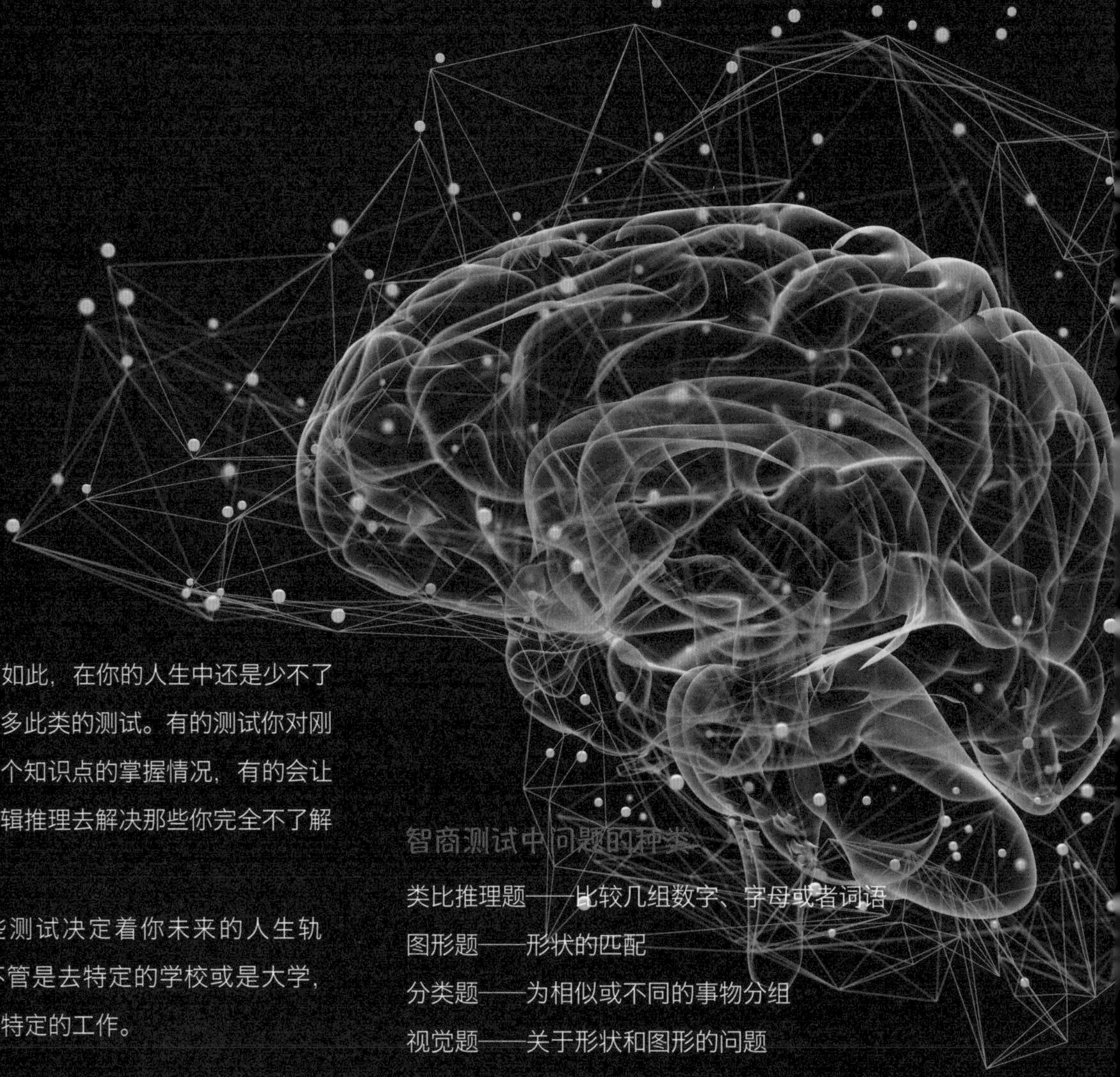

决策者

尽管如此，在你的人生中还是少不了要面对很多此类的测试。有的测试你对刚学过的某个知识点的掌握情况，有的会让你运用逻辑推理去解决那些你完全不了解的问题。

这些测试决定着你未来的人生轨迹——不管是去特定的学校或是大学，还是找到特定的工作。

智商测试中问题的种类

类比推理题——比较几组数字、字母或者词语

图形题——形状的匹配

分类题——为相似或不同的事物分组

视觉题——关于形状和图形的问题

空间题——关于形状和方向的问题

逻辑题——询问接下来可能会发生什么

1. 下面的图形中，哪个适合填入有问号的位置？

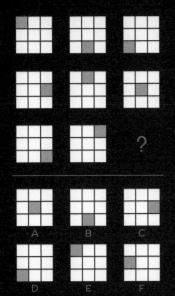

试试完成下面这些题目吧!
答案在本页的底部

2. 重新排列下面的字母，把它们组成单词并选择它所属的类别：

RAPETEKA

A.城市

B.水果

C.鸟

D.蔬菜

3. 右边的立方体中，哪个是左边的图形折叠后的效果？

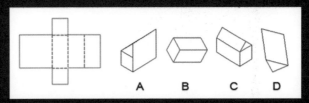

4. 下列哪个图形适合填入虚线区域？

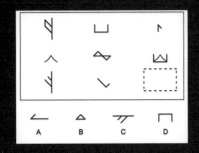

5. 如果在宴会结束时，有10个人每两人之间都相互握了一次手，那么一共会有多少次握手？

A.100 B.20 C.45 D.5 E.90

6. 下列哪个词语和其他词语不属于一类？

A.苹果

B.果酱

C.橘子

D.樱桃

E.葡萄

6.B

5.C

4.A

3.A

2.C（单词parakeet, 鹦鹉）

1.F

37

人工智能

人工智能，简称AI，是指可以在机器中创造的智能。"人工"有一部分含义是指这种智能是人为制造的，所以它和我们人类大脑或是其他动物大脑中那种普通的智力不同。未来，科学家创造的人工智能机器的智力可能会超过我们呢！

非人工智能机器人能够在电脑程序的控制下从事重复或者危险的工作

机器人

一个标准的机器人只是一台机器。它只会做电脑程序告诉它的事情。它可能看起来很聪明，但只有给它人工智能化之后，它才会变得"聪明"起来。

一个安装了人工智能程序的机器人可以学习新任务，而这在它原装的程序中并没有。它更像一个人，因为它可以自己决定如何做出选择。实际上，一个新建的人工智能机器人在开始时会很像小孩子。它会像每个小朋友那样犯错误，从错误中学习，然后会做得更好，甚至游刃有余。

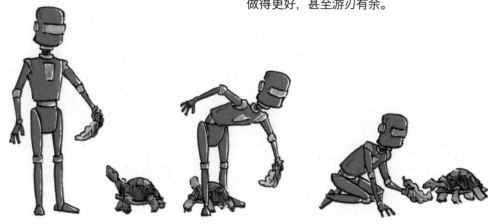

NOA是由沃森计算机程序控制的机器人。NOA可以跟你聊天，读懂你的表情，甚至能够帮你完成习题

运用人工智能

人工智能可以用在很多不同的事情上。它可以帮我们去思考非常复杂的问题，或者可以像一个朋友那样陪我们一起玩耍，或者它能控制机器人。这使得它影响了我们周围的世界。它也可能控制虚拟现实世界中的虚拟实体，我们可以与之交流互动。

一群在手机上玩虚拟现实游戏的人

运转快过人脑

一台计算机能和人类的大脑运转得一样快吗?人类的大脑每秒钟能完成$1×10^{16}$ —— 也就是10，000，000，000，000，000次运算。

由IBM制造的巨型超级计算机沃森，每秒钟可以完成$8×10^{24}$次作业。中国的神威太湖之光计算机的运转速度是人脑的9.3倍。当下，全世界超级计算机的平均计算速度差不多是人脑的9倍。有了这样的科技，很快，人工智能就会使机器人和人类在智力方面构成竞争关系。

缩小的人脑

或许你会认为脑容量越大，人越聪明。然而，科学家已经发现，从大约2万到1万年前开始，人脑就在逐渐缩小。是的，脑在变小。

回溯历史

在200万年的演化中，人脑是逐渐变大的。但是过去的2万年间，人脑体积的平均值从1500毫升降到了1350毫升。大约缩小了一个网球的大小。并且这种缩小在全球范围内都有发生。那么，这是不是意味着我们变得没有那么聪明了呢？

注意力的持续时间

我们注意力的集中时间在变短。2000年时，人类注意力集中的时间平均为12秒，现在降低到了8秒，比一条金鱼注意力集中的时间还要短——金鱼注意力集中的平均时间是9秒。

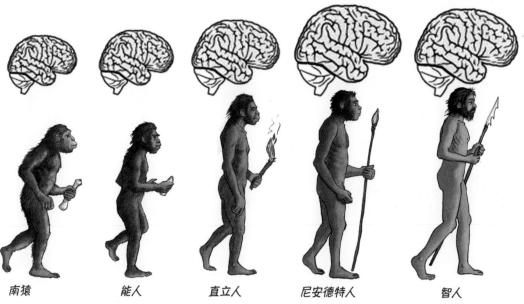

南猿　　　能人　　　直立人　　　尼安德特人　　　智人

为什么变小了呢？

科学家们还不知道人脑变小的准确原因。他们有不同的观点：

有些观点认为，随着人类的肌肉变少，脑部自然也就缩小了。

但是有研究表明，脑缩小的速度比身体更快。

还有一些观点认为，大脑尺寸的缩小是因为我们的推理能力下降了。毕竟，现在我们有大量的机器和各种资源及媒介帮我们去思考。所以我们没准儿已经不需要这么大的脑了。

人口增加，大脑变小

在我们人类演化的大多数间里，当人口数量增长缓慢时脑的容量都在增长。随着人口量的增加，脑的容量却在变小这是因为随着身边可以依赖的变多，我们不需要变得很聪明可以生存得很好。

我们驯养了我们自己

人脑变小还有一种可能是我们变得更加有教养。我们更善于关心他人，降低了攻击性。

很多被驯养的动物都表现出了这种倾向。比如，一条狗的大脑比一头狼的大脑要小。遇到问题时，狼比较善于自己解决问题，而狗会向人类寻求帮助。

"屏幕"看得太多啦！

一些科学家认为，无止境地玩电子游戏，人类减少了娱乐及与他人交往的活动，这导致了大脑额叶的缩小。

科学家们正在研究长期使用电脑对脑部的影响

41

关于大脑的真相

会思考的心脏

脑不是一直拥有如此重要的地位的。希腊哲学家亚里士多德认为，智力是由心脏产生的，而不是脑。

古埃及人制作木乃伊时，会把脑通过鼻孔挖出来扔掉。而心脏和其他器官则会被小心地移除和保存。

点亮灯泡

你的大脑能发出12到25瓦的电，这个电力足够点亮一盏低瓦数的LED灯。

音乐魔法

音乐能触发大脑释放多巴胺——一种能让人感到快乐的物质。这种物质在你吃饭的时候也会释放。

出租车巨头

有一项对英国伦敦的城市出租车司机的研究发现，每位司机的海马体都比常人的要大。这意味着随着你记忆越来越多的信息，大脑的这一部分也随之长大。

皱纹!

大脑的表面看起来满是皱纹，这是因为它折叠了起来。大脑表层折叠成了很多皱纹来填充在头骨中。每个人的大脑折叠的方式都不一样。

一场梦

每个人都会做梦，甚至盲人也会，做梦时长最少1～2个小时，并且你平均每晚都会做4～7个梦。你睡着了并不代表大脑停止了工作，恰恰相反，大脑在你做梦时比你清醒时波动得更厉害。

思考和遗忘

平均每个人每天都会思考7万条信息，但是你可以休息一下！忘记周年纪念的事实际上对你的大脑是有好处的，因为这能帮助神经系统保持其可塑性。

同样地，如果你开始做白日梦，也不要担心。大脑中控制这些进程，比如白日梦的区域在大脑休息时差不多一直很活跃。

哈哈哈

被一个笑话逗笑需要大脑中5个不同的区域都活跃起来。

不是真的!

有一种错误的说法是我们只使用了大脑的10%。实际上，脑中的每个区域都有已知的功能。此外，没有只用左脑或者只用右脑的人。左脑和右脑是一起工作的。而且不论你打不打喷嚏，你的脑细胞都不会死亡。

大数据!

大脑的75%都是水。它是身体中最"胖"的器官。它容纳了1000亿个神经元，也就是神经细胞（是地球人口总数的15倍），并且包含的血管连起来大约有24万千米长。

43

词汇表

杏仁体

脑中控制情绪的部分。

人工智能（AI）

AI是指人类可以让机器产生智力，而不是我们通常说的动物大脑中的智力。

小脑

位于脑的背部，控制平衡、姿势，还有合作。

大脑皮层

脑的最外面的那层组织。它由灰质组成，灰质承载了脑中非常多的重要的思考区域。

脑脊液

这种无色的液体存在于头骨和脑之间，同时存在于脑室中和脊髓的周围。它像一个橡胶软垫那样垫衬着脑部。

大脑

脑部体积最大的一部分，它由两个大脑半球组成。它控制着我们的思想，包括逻辑推理、演讲和解决问题的能力。

化学物质

一种由原子、元素和分子构成的物质，它控制着我们身体内的很多变化。

染色体

一条长的螺旋状结构，主要由包含基因的DNA组成。

树突

神经元，或者叫神经细胞体内延伸出的一种分叉结构。它们把信息从一个细胞传导到另一个细胞。

DNA

发现于细胞核内的一长串基因信息。它呈双螺旋状，看起来就像一架扭曲的梯子。

演化

演化是指动物或植物的物种、种群的基因随着时间推移而逐渐改变。

"或战或逃"

由杏仁体控制的对危险的反应。面对危险时我们要么站在那儿与之战斗，要么赶快逃跑。

基因

DNA的一段。它持有特定的蛋白质编码，使我们成为我们自己。

海马体

大脑中对我们记忆力非常重要的一部分。记忆就在这里形成和储存。

激素

一种能给大脑传递信息和指令的化学物质。比如，控制你什么时候、如何长大。

智商（IQ）

一个人的智力商数简称智商，是一种衡量你智力程度的单位。一般会通过完成特别设计的智商测试题来衡量。

不随意肌

一种自动工作的肌肉，它不需要你的控制就能运动。比如，维持你心脏跳动的这类肌肉就是不随意肌。

露西化石

一具女性南猿的骨骼化石标本。这具化石发现于埃塞俄比亚，她的大脑容量有400~500毫升。

磁共振（MRI）

磁共振探测仪通过探索在磁场中移动的无线电波来检测无线电频率。科学家用它看到了脑的构造。

脑膜

脑膜分为三层膜，分别是硬脊膜、蛛网膜和软脑膜。它们包裹着脑部，起保护作用。

运动机能

肌肉的运动和行为。包括手脚的协调、手指的运动和眨眼的动作等。

神经系统

由脑和骨髓组成，它们都是由神经细胞，也就是神经元构成的。

神经元

又叫神经细胞。数百万个神经元连在一起，形成神经束。神经束能够把信息和指令传入或传出大脑。

神经生物学家

研究包括脑在内的神经系统的科学家。比如，他们会研究这些课题：为什么我们会睡觉，身体疼痛的原因是什么。

垂体

脑中豌豆大小的一个组织，它能产生激素，并且把它们释放在血液中和其他参与身体循环的体液中。

可塑性

大脑适应环境变化的一种能力。当我们学习新知识时，脑中神经元之间的联系会得到强化。

青春期

随着我们的成长，会经历青春期——从一个儿童过渡到一个成人的阶段。激素也参与了青春期的变化。

空间感

我们对不同事物的大小、形状、远近的感知。这是由海马体来控制的。

突触

一个神经元的轴突和另一个神经元的树突之间的联系。信息从一个神经元传递到另一个神经元就要通过突触。

索引

图片出处说明

所有图片如不作特殊说明均来自矢量图片素材库。

第2页　麦吉科·米内

第4页　克利夫兰自然历史博物馆；美国国家科学基金会

第6页　马克·洛奇

第7页　维基共享；底部：露西·约万诺维奇

第8页　背景：沃治；上中：维基百科/帕特里克·J.林奇；底中：艾克瓦斯

第9页　顶部：布兰博；底部：www.control.tfe.umu.se/lan/CSF

第10页　背景：安卓尔·维洛多兰兹斯基；约迪姆

第11页　中左：帕维尔·L.，摄影并摄像；正中：胡安·奥申；右上：玛瑞亚·赛蒙佩奇；往下：BNMK0919；往下：玛丽娜·波奇伊娃；底部：GOLFX

第12页　丹尼斯·费姆

第13页　顶部：P.S.艺术设计工作室；底部：爱德莱克

第14页　卡特门多

第15页　右上：马蒂麦克斯；底部：Alexilusmedical

第16页　Gioiomtb

第17页　左上：十年三维解剖在线；中间：约翰·A.比尔，美国路易斯安那州立大学健康科学中心研究细胞生物学和解剖学的德普托博士

第18页　旅行一景

第19页　顶部背景及右上：十年三维解剖在线；底部：内斯特·瑞兹尼克

第20页　洛莱

第21页　跨页图：定向媒体；底部：维基百科，佩雷兹·派润德斯基

第23页　十年三维解剖在线；底部：赫尔加

第24页　亚历克斯·丹尼普洛夫

第25页　卡尔加里动物园；泰国大象交流中心

第26页　XStudio3

第27页　十年三维解剖在线；底部：伊洛塔

第28页　猴子商业图片

第29页　顶部：Zurijeta；右上：十年三维解剖在线；Natursorts

第30页　左下：杰夫·达尔，纽约医学院；背景：波斯特里奥瑞

第31页　背景：维基百科

第32页　右上：古德·金；左上：大卫·泰德沃思安；中间：马瑞·曼；右下：维基百科

第34页　英国国际发展部

第35页　顶部：Happy Together；中间：维基百科；底部：蒂姆·安德森

第36页　XStudio3

第37页　Lyudmyla Kharlamova

第38页　美国国家航空航天局/喷气推进实验室；中间：维基共享资源

第39页　适达制造

第40页　插图：迈克·斯普尔

第41页　非洲工作室

48